科技史里看中国

近代
教育与科研初具规模

王小甫 ◆ 主编

人民东方出版传媒
East Oriental Publishing & Media
东方出版社
The Oriental Press

图书在版编目（CIP）数据

科技史里看中国 . 近代：教育与科研初具规模 / 王
小甫主编 . -- 北京：东方出版社 , 2024.3

ISBN 978-7-5207-3743-2

Ⅰ . ①科… Ⅱ . ①王… Ⅲ . ①科学技术—技术史—中
国—少儿读物②教育史—中国—近代—少儿读物 Ⅳ .
① N092-49 ② G529.5-49

中国国家版本馆 CIP 数据核字 (2023) 第 214348 号

科技史里看中国 近代：教育与科研初具规模
（ KEJISHI LI KAN ZHONGGUO JINDAI: JIAOYU YU KEYAN CHUJU GUIMO ）

王小甫 主编

策划编辑：鲁艳芳		责任编辑：刘之南		
出　　版：东方出版社				
发　　行：人民东方出版传媒有限公司				
地　　址：北京市东城区朝阳门内大街166号		邮　编：100010		
印　　刷：华睿林（天津）印刷有限公司		版　次：2024年3月第1版		
印　　次：2024年3月北京第1次印刷		开　本：787毫米×1092毫米　1/16		
印　　张：4.875		字　数：67千字		
书　　号：ISBN 978-7-5207-3743-2		定　价：300.00元（全10册）		
发行电话：（010）85924663　85924644　85924641				

我很好奇，没有发达的科技，古人是怎样生活的呢？

娜娜，古人的生活会不会很枯燥呢？

娜娜

四年级小学生，喜欢历史，充满好奇心。

旺旺

一只会说话的田园犬。

古人的生活可不枯燥。他们铸造了精美实用的青铜"冰箱"，纺织了薄如蝉翼的轻纱；他们面朝黄土，创造了农用机械，提高了劳作效率；他们仰望星空，发明了天文观测仪器，记录了日食、彗星；他们建造了雕梁画栋的建筑，烧制了美轮美奂的瓷器……这些科技成就影响了古人的生活，推动了中华文明的历史的进程，甚至传播到世界各地，促进了人类文明的进步。

中华民族历史悠久，每个时期都有重要的科技发展。我们一起去参观这些灿烂文明留下的痕迹吧，以朝代为序，由我来讲解不同时期的科技发展历史，让我们一起从科技史里看中国！

机器人洋洋

博物馆机器人，数据库里储存了很多历史知识。

目录

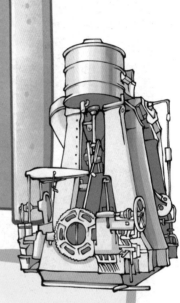

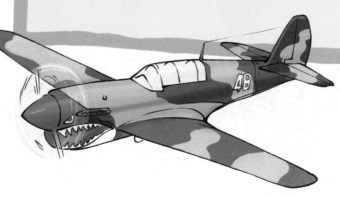

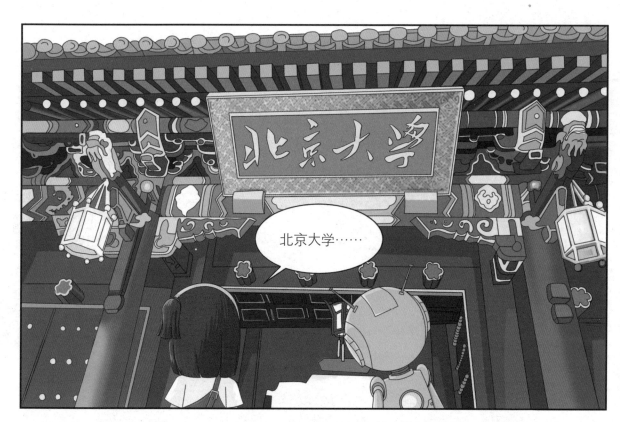

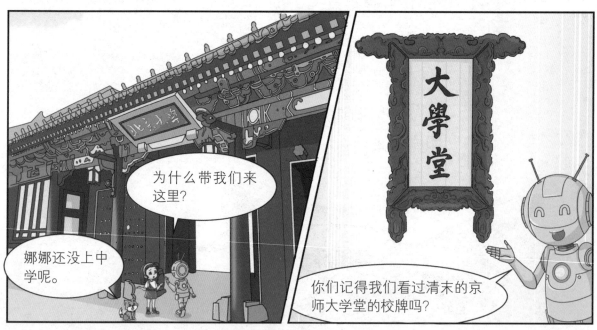

京师大学堂就是北京大学的前身啊。不止北京大学，现在园内很多著名的大学，都是在近代建立的。

啊！那这些大学都有100多年的历史了。

这么久了啊？

大学的文化氛围也是有传承的，像北京大学、清华大学这样的百年校园，有深厚的人文积淀，培养出了很多优秀的学者。

不过这些大学对娜娜来说还是太遥远了，她的目标是下学期数学考试全部及格。

可不要小看我！

为了以后能在这么有历史底蕴的校园里学习，我一定会努力的！

那样就最好了。

四大名校

20 世纪初，现代化的大学和中学作为社会变革的产物，如雨后春笋般涌现出来。其中有四所著名大学，并称为"四大名校"。这四所大学就是当时的国立中央大学、国立西南联合大学、国立浙江大学、国立武汉大学。其中，国立中央大学的前身是 1902 年设立的南京三江师范学堂，辛亥革命以后，学堂经过停办、重建、合并等一系列演变，终于在 1928 年更名为国立中央大学，成为当时南京的一所现代化综合大学。

国立中央大学校门（近年复建）

1914 年，政府在原师范学堂旧址上建立了南京高等师范学校，1923 年又将其并入国立东南大学，1927 年将南京各专科以上学校合并为国立第四中山大学，1928 年更名为江苏大学，同年定名为国立中央大学。1949 年，学校改为国立南京大学。图中校门是近年南京大学仙林校区根据当年的校门复建而成的。

原国立中央大学四牌楼校址

浙江大学的前身是 1897 年创建的求是书院，开设有地理、格致（物理）、化学等现代科学科目，还聘请外籍教师，派遣留学生出国学习。1927 年，政府在书院原址上兴办了国立中山第三大学，1928 年改名为国立浙江大学。抗日战争爆发以后，浙江大学西迁。这一时期，浙江大学虽然颠沛流离，但却聚集了竺可桢、苏步青等一大批学者任教，还培养出了后来的诺贝尔物理学奖获得者李政道、国家最高科学技术奖获得者叶笃正等优秀学生。

1934 年浙江大学校门

竺可桢像

竺可桢曾在 1936 年至 1949 年任浙江大学校长，他也是中国近代著名的气象学家、地理学家，曾在南京创办中央研究院气象研究所。

武汉大学的前身是1893年设立的自强高等学堂，学堂开班的课程包括矿物、化学、自然、工程教育、英语、法语等，后改名为方言学堂。1913年，北洋政府在方言学堂的基础上建立了武昌高等师范学校， 1926年又并入国立第二中山大学，1928年改为国立武汉大学。近代著名的文学家闻一多就曾担任过武汉大学文学院的院长。

武汉大学牌楼

　　现在武汉大学正门处的这座新牌楼，是仿照老牌楼重建的。孔雀蓝的琉璃瓦，在中国建筑等级上仅次于皇家专用的金黄色琉璃瓦。

　　四大名校中的最后一所有些特别，它是在抗日战争爆发以后，由北京大学、清华大学、南开大学师生集体迁往长沙后临时建立的，最初叫作"长沙临时大学"。在学校成立后不久，日军又逼近了长沙，长沙临时大学不得不再次西迁，至昆明落脚，改称为"西南联合大学"。虽然这所大学在战火中成立，又饱经辗转和磨难，但却凝结了当时中国最精锐的教育力量，聚集了梅贻琦、胡适、朱自清、华罗庚、杨振声、杨石先等一大批教育家、科学家任教，对中国近代的文脉传承、学术发展起到了重要作用。不仅如此，在那个烽火不断的年代，西南联大的学生中从军的人数超过 1100 人，很多人担任了军队翻译，还成为空军、远征军中的骨干，为抗日战争贡献了重要力量。

西南联大昆明旧址大门

1938 年以后，学校在昆明盘龙寺一带筹建校舍，由于经费不足，直到 1944 年学校校舍仍十分简陋，除了图书馆和东西两食堂是瓦屋外，只有教室留下了铁皮屋顶，学生宿舍、各类办公室全为茅草屋。

西南联大的铁皮屋校舍

联大的校舍是临时搭建的，校舍屋顶是由铅铁皮做成的，一下雨就"叮叮当当"地响。

西南联大的学习条件极为艰苦，但却培养出 2 位诺贝尔奖获得者、4 位国家最高科学技术奖获得者、8 位两弹一星功勋获得者和 174 位两院院士。这在中国历史上任何一所高校都是绝无仅有的，它不仅仅是一所学校，更堪称近代教育界的传奇。

华罗庚像

邓稼先像

中国近代数学家，曾在西南联大算学系任教，他在解析数论、矩阵几何学、典型群、自守函数论等领域都有重要建树。

核物理学家，曾在西南联大物理系就读，后赴美国普渡大学留学。新中国成立后毅然回国，为新中国核武器、原子武器的研发做出了重要贡献，被称为"两弹元勋"。

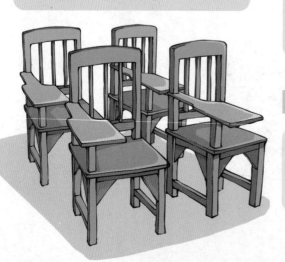

西南联大的"火腿桌"

西南联大的教室中没有课桌，只有桌椅结合的"火腿桌"，可见当时学习条件的艰苦。

气象和天文观测台

中国自古是农耕社会，非常重视天象观测，我国是世界上天文学发展最早的国家之一。明清时期，受闭关锁国政策的影响，科技发展缓慢，我国天文学已落后于西方。后来，很多求学海外的科学家都回到了中国，开始发展中国自己的科学研究事业。

1928 年，气象学家竺可桢创办了中央研究院气象研究所，并在南京北极阁设立了气象观测台——这是中国近现代第一个国家气象观测台。竺可桢在这里担任所长期间，曾放飞 160 多个高空气球，搜集了南京的气象数据，并据此撰写出论文《南京三千米高空之风向与天气预测》。

北极阁气象站旧址

北极阁设天文台的历史可以追溯到南北朝时期。1928 年，竺可桢设立的气象台是中国近现代第一个国家气象观测台。北极阁气象台的中心建筑是一个三层六角塔式气象台，于 1928 年 9 月底建成并同时开始气象观测工作。1930 年，政府又在北极阁筹建地震台，地震台于 1932 年投入地震观测。

1934 年，国民政府在南京紫金山修建了紫金山天文台，并把中央研究院天文研究所从北极阁搬到了这里。紫金山天文台是中国人自己建立的第一个现代天文学研究机构，被誉为"中国现代天文学的摇篮"。天文台由大台（大赤道仪室和办公室）、子午仪室、小赤道仪室、变星仪室等 6 栋建筑组成，所有楼宇的建筑风格巧妙地将中式建筑元素和圆形屋顶结合在一起。天文台中配备的仪器也很先进，有口径 20 厘米的折射望远镜，以及从德国蔡司公司购置的 60 厘米反射式望远镜——这是当时中国最大的天文望远镜。

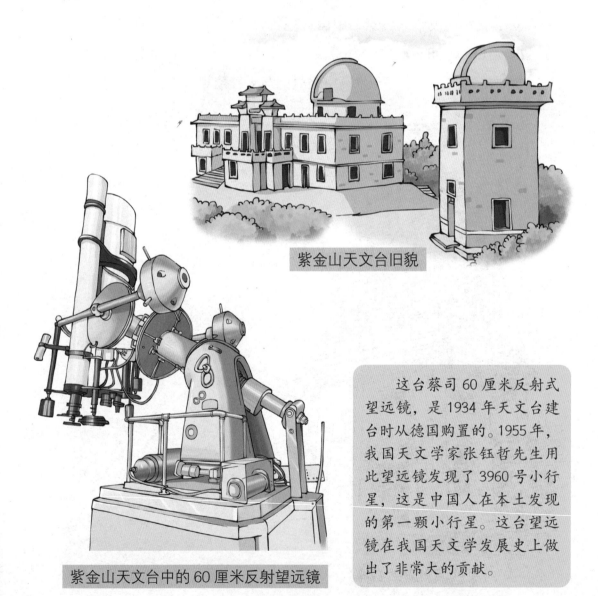

紫金山天文台旧貌

紫金山天文台中的 60 厘米反射望远镜

　　这台蔡司 60 厘米反射式望远镜，是 1934 年天文台建台时从德国购置的。1955 年，我国天文学家张钰哲先生用此望远镜发现了 3960 号小行星，这是中国人在本土发现的第一颗小行星。这台望远镜在我国天文学发展史上做出了非常大的贡献。

青岛观象台天文观测室

青岛观象台是中国天文事业的起步点，由于功能齐全，设备精良，这座天文台在当时也被称为"远东三大天文台"之一。

1898 年德国海军港务测量部在青岛设立了气象天文测量所，后来被国民政府收回。1931 年，国民政府在原建筑附近的西山山顶又修了一座现代化的天文台，这是中国人自己建造的第一座大型天文观测室，主体建筑由花岗岩构成，高 14 米，顶部的球形是钢木结构，可转动。不仅建筑新颖，观测室中配备的设备在当时也是十分先进的——楼中装有口径 32 厘米物镜，焦距 3.58 米的大型天文望远镜，还设有地磁房。

1934 年，江苏政府也在镇江市北固山修建了一座气象台，当时江苏省发布的所有气象信息，都来自这里。气象台采用科学化的测量和数据记录，工作人员工作分三班，需要完成测量积雪深浅、观测每日最低和最高温度、观测太阳热力计、计算每日日照时数等工作。这座现代化的气象台修好之后，全江苏来参观的人络绎不绝，可见当年它的先进。

北固山气象台旧址

气象台的整体建筑为一凸字形四层楼房，顶层是测量风雨的平台，底层墙面刻有建台历史。

小剧场：了不起的考古

咦？

我挖出来了！

真棒啊。

这个东西我们之前见过，好像是古代的玉璧。

没错，这个玉璧是仿照良渚古城的玉璧制作的。怎么样？模拟考古很好玩吧？

不知道会从土里挖出些什么，这个过程太吸引人了。

中国现代考古学诞生于100多年前，我们刚才说的良渚遗址，是在1936年被发现的。

哇，真是了不起的发现！

中国现代考古学诞生

　　早在清末民初，许多外国势力便以"科学考察"的名义进入了中国西北，盗掘了包括敦煌遗书在内的大量珍宝，看着中国自己的宝贝被外国人盗走，当时的学术界无不痛心疾首，有识之士就此感受到建立中国自己的考古机构的急迫性。到了 20 世纪 20 年代，各种考古学会、考古研究所陆续成立，中国考古学进入了快速发展期。

　　1921 年底，北京大学研究所设立了考古研究室，这标志着中国第一个专业考古机构正式成立。1928 年，中央研究院历史语言研究所成立，所内也设有考古组，后来负责了对安阳殷墟的发掘。几乎同一年，中国地质调查所新生代研究室，以及北平研究院史学研究会考古组也分别成立。

"中国西北科学考察团"在北大研究所合影

　　1927 年，以北大研究所学者为首的学术团体学会，与瑞典探险家斯文·赫定联合组成"中国西北科学考察团"，并于 1928 年至 1933 年对西北开展了大量田野考古调查。

黄文弼在新疆考察

黄文弼是北大考古学会最早的成员之一，也是"中国西北科学考察团"的第一批团员。黄文弼通过考察，论证了楼兰、龟兹、于阗、焉耆等古国及许多古城的地理位置和历史演变，提出了古代塔里木盆地南北两河的变迁问题。

新疆交河故城遗址

交河故城是公元前2世纪至公元14世纪丝绸之路、天山南麓吐鲁番盆地的重要中心镇。1928年至1930年间，考古学家、西北史地学家黄文弼考察交河故城，主持了沟西古墓区发掘，之后整理发表了《高昌砖集》《高昌陶集》《吐鲁番考古记》等著作。

1929 年，中国考古学家们发现一个完整的北京猿人头盖骨化石。这一消息的公布震动了世界学术界。之后又发现了石器和用火的痕迹，使北京猿人文化遗存得以确认。1933 年，中国考古学者裴文中和贾兰坡对周口店山顶洞人及其文化进行了科学发掘，并根据发掘成果出版了《周口店洞穴层采掘记》。

北京猿人头盖骨化石

北京猿人是生活在 70 万—20 万年以前的直立人，学术界又称他们为"中国猿人北京种"。

根据头骨复原出的北京猿人头像

殷墟是殷商王朝后期都城的遗址，发现于 20 世纪初，1928 年开始发掘。1928 年至 1937 年，历史语言研究所考古组对殷墟进行了 15 次有组织、有计划的科学发掘。这些挖掘工作中，考古队挖出了约 2 万片带有文字的甲骨片，50 多座商朝宫殿建筑遗址，还有大量陶器、玉器、铜器。

殷墟发掘前的测量绘图

对殷墟的 15 次发掘

小知识

殷墟第一次发掘前，考古学家董作宾、李春昱在殷墟遗址现场进行了测量绘图，随后根据测绘结果进行了第一次发掘。这次挖掘中，人们找到了 784 片带有文字的甲骨，以及少量玉器、青铜器。

考古工作者对遗迹进行科学测绘、挖掘，并对文物进行编号、分类研究。这次考古活动是 20 世纪中国考古学术史一个重要的里程碑。

龙山黑陶杯

1928 年春天，考古学者吴金鼎在平陵城附近进行考古调查时，发现了山东章丘龙山镇城子崖遗址。1930 年至 1931 年，历史语言研究所考古组与当时的山东省政府共同组成"山东古迹研究会"，对城子崖遗址进行了两次发掘，发现了一座规模巨大的古城址，出土了如蛋壳一样轻薄的黑陶器。不久后，这座遗址就被命名为"龙山文化遗址"，这是一座重要的新石器时代遗迹，对研究中国上古历史具有重要意义。

龙山出土的黑陶器十分精美，最薄的地方只有 0.1 毫米，这种极薄的黑陶又被称为"蛋壳陶"，它们展现了上古先民高超的工艺技术。

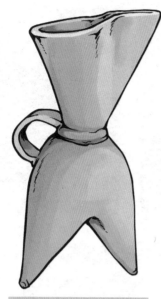

良渚三足陶鬶(guī)

陶鬶是盛水容器。良渚陶器普遍采用圈足或三角足的形式。

1933 年至 1936 年，西湖博物馆在浙江境内调查新石器时代遗址时，在余杭区发现大量新石器时代陶器，这些陶器以夹细砂灰黑陶和泥质灰胎磨光黑皮陶为主，器壁一般较薄，器表较常采用素面磨光处理，也有少数绘有精细的花纹和镂孔。后来，考古界将这一处史前遗址命名为"良渚文化"。近年来，考古工作者在前人发掘的基础上又发现了良渚古城中的大量玉器和水利设施，这对还原长江中下游文明历史具有极重要的作用。

良渚遗址发掘想象图

1932 年至 1933 年，河南古迹研究会先后 4 次对浚县辛村西周时期卫国贵族墓地进行了发掘，共发掘墓葬 80 余座，其年代跨度为公元前 11 世纪至公元前 8 世纪。这 4 次发掘为研究西周历史、葬制、车制积累了重要资料。

浚县辛村西周车马坑

多年来，对辛村遗址的考古发掘并未停止，并取得了一系列重要突破。新发掘出的卫侯夫妻合葬墓及对应车马坑，为研究周代诸侯国墓葬形制提供了翔实资料。

近代，除历史考古学有快速发展以外，古生物学也有了长足进步。1911 年，丁文江在英国格拉斯哥大学取得动物学、地质学双学位后，便回国开始研究云贵高原的地质情况。1914 年，又再次前往西南地区作地质考察，这期间他采集了大量的古生物化石进行研究。在他的努力下，我国古生物学得以发展。丁文江还创办了古生物杂志《中国古生物志》，建立了新生代研究室。《中国古生物志》的创办，使中国古生物研究处于当时世界先进水平。

丁文江发现的石燕化石

石燕是一种生活在海洋中的腕足动物的外壳体，在岩层中堆积数万年后形成了化石。

丁文江教授掀开了云南寥廓山及周边地区古生物研究的面纱。从此，寥廓山及周边地区引起了国内外地质古生物学者的兴趣和关注。1938 年，古生物学家杨钟健在云南省禄丰县领导发掘工作时，收获了大批恐龙及原始哺乳类化石，其中包括中国第一具完整的恐龙化石，杨钟健由此被称为"中国恐龙研究之父"。

20 世纪 20 年代至 30 年代，中国考古学从无到有，在工作中迅速收获了大量考察成果。但可惜的是，随着日本全面侵华的开始，各项考古工作不得不中断乃至停止，北京猿人骨骸、牙齿等重要文物，也在战争中遗失了。

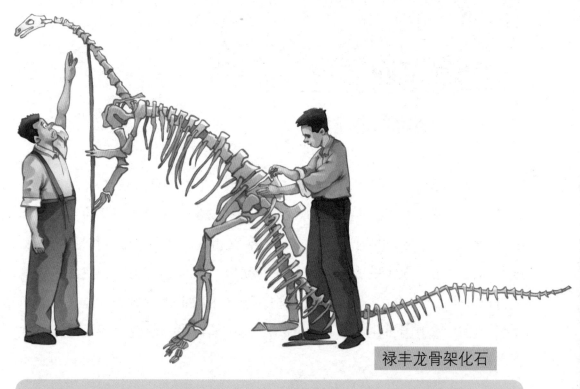

禄丰龙骨架化石

禄丰龙是中国学者在中国境内找到的第一副完整恐龙骨架。根据研究，禄丰龙是一种生活在浅水区的恐龙，喜欢吃藻类和植物的叶子。

不过，这一时期考古工作者们已开创了很多全新的领域，到新中国成立以后，新时代的考古工作者们才得以在前辈的基础上，继续发掘埋藏在中国广袤土地下的宝藏。

地理学家胡焕庸

胡焕庸出生在江南宜兴的一户农家，1919年考入免学费的南京高等师范学校，拜在竺可桢门下专攻地理学和气象学。1926年至1928年，胡焕庸到法国进修，深受法国人文地理学的影响，他开始关注我国人口地理和农业地理，做了很多调查研究。1935年，胡焕庸在《地理学报》发表一篇名为《中国人口之分布》的文章，在文中的地图上，他划出了一条从黑龙江瑷珲（ài huī，即黑河）至云南腾冲的人口地理分界线，将全国分为东南与西北两部，世人称之为"胡焕庸线"——可不要小看这条线，这可是20世纪我国地理学的代表成果之一。斜线以东的土地面积约占全国国土面积的44%，而人口达到了约94%；斜线以西的土地面积约占国土面积的56%，但人口仅占约6%。这条线很直观地对我国地理、人口分布做出区隔，成为后来政府制定经济、交通运输政策的重要参考。

胡焕庸线与400毫米等降水量线重合，线东南方以平原、水网、丘陵、喀斯特和丹霞地貌为主，自古以农耕为经济基础；线西北方人口密度极低，是草原、沙漠和雪域高原的世界，自古是游牧民族的天下。

小知识

胡焕庸开始着手于全国人口地理的研究时，全国各县人口统计资料并不完整，胡焕庸不得不从各种公报、杂志上逐一收集、补充，终于获得了一套基本覆盖全国的县级人口统计数据。他用每点代表1万人，将这套数据体现在地图上，共有近5万个点。1935年胡焕庸依据点的密度，绘出了我国第一张人口分布图，发现并划出了胡焕庸线。

多年来，我国的人口总数已大幅度增长，然而，胡焕庸线所划分的我国东南部和西北部的人口比例并没有多大变化。

这是建筑学家梁思成的手稿，他生活的年代还没有电脑，只能靠自己手画。不过，这些手稿的精美程度可一点儿不亚于电脑，对吧？

这些画有的是桥，有的是庙，难道这些地方他都去过吗？

那当然。1937年，他先后踏遍中国15个省200多个县，测绘和拍摄2000多件唐、宋、辽、金、元、明、清各代保留下来的古建筑，很多建筑物都是在他调查时才确定了年代。

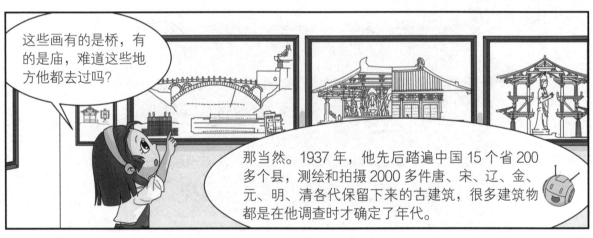

而且，连新中国的国徽也是他设计的呢。

好厉害。

建筑学家梁思成

梁思成的父亲是清末著名改革家梁启超。梁思成出生在日本，后来回到北京进入清华学校（清华大学前身）读书，1924 年留学美国，先后在费城宾州大学和哈佛大学学习建筑，获得了硕士学位。回国后，梁思成将毕生精力奉献给了中国古代建筑的研究和保护事业，因此被称为"中国近代建筑之父"。

1932 年，梁思成主持了故宫文渊阁的修复工程，并用手稿记录下故宫建筑的样式、机构，集结成《清式营造则例》一书。1937 年开始，梁思成和妻子林徽因等人一起跑遍了全国，测绘古建筑。当时日本建筑界宣称，中国已经没有唐代建筑留存，但梁思成在山西找到了佛光寺等唐代建筑，有力驳斥了日本人的说法。

文渊阁正面

文渊阁北面

小知识

梁思成绘制的文渊阁平面图收录在《中国建筑史》一书中，书中还有大量建筑数据，以及所用榫卯的名称、结构、尺寸等，这些资料为后世修复文渊阁和传统建筑提供了重要依据。

梁思成和林徽因不仅找到了唐代建筑，还对辽代独乐寺观音阁、广济寺、隆兴寺、应县木塔，以及隋代安济桥等历史古建筑进行了研究，他把这些重大考察结果写成论文发表在了国际期刊上，引发了建筑考古界的关注，世界建筑界开始意识到中国古代建筑样式之丰富，技术之先进。梁思成还根据自己积累的古建筑资料，撰写出了《中国建筑史》一书，这本书后来成为研究中国建筑的权威资料。

梁思成和林徽因

林徽因是近代建筑学家、作家，她和丈夫梁思成共同开创了中国古建筑研究体系，一同创办了东北大学和清华大学的建筑系。

梁思成考察高颐阙

1939 年，梁思成来到四川雅安，考察了汉代高颐阙。

林徽因考察神通寺墓塔林

1936 年 6 月，梁思成和林徽因一起到济南考察古建筑。他们一起对神通寺一带的元、明两代墓塔进行了清理扫除，又对千佛崖唐代造像和涌泉庵等古建筑进行了测绘。

梁思成致力于保护和修复古建筑。在修复古建筑方面，梁思成反对"拆旧建新"，主张"整旧如旧"，即按照旧有的样式修复建筑，不增加新的时代元素，这种思想暗合了60年代国际历史古迹的保护思路，对后来中国古建筑、古城镇的管理理念产生了深远的影响。

人民英雄纪念碑

1952年，梁思成主持设计了人民英雄纪念碑，整个纪念碑的造型既有民族风格，又具有鲜明的新时代精神。这座纪念碑现在已经成为北京市天安门广场上的地标建筑。

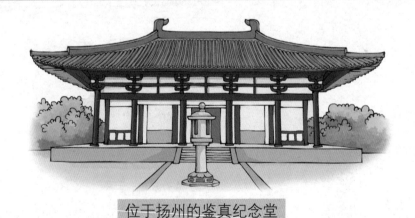

位于扬州的鉴真纪念堂

1963年，梁思成设计了扬州"鉴真纪念堂"。1984年，这座建筑荣获全国优秀建筑设计一等奖。

百年葡萄酒品牌

1871年，一个南洋华商在印尼雅加达应邀出席法国领事馆的一个酒会时，听法国领事说起曾用烟台的葡萄酿酒，味道非常不错。言者无心，听者有意，这个叫张弼士的华商默默记下了这个故事。1891年，他到烟台考察了当地土壤情况，认为烟台非常适合葡萄生长，于是向政府要员提出要在烟台办葡萄酒厂。就这样，张弼士创办了中国历史上第一家葡萄酿酒公司，取名张裕酿酒公司。也许张弼士自己也没想到，这家葡萄酒公司后来竟然成为亚洲最大的葡萄酒企业，还成为一个百年品牌，直到今天张裕葡萄酒仍赫赫有名。

张弼士在酒窖前

张弼士出生于广东，18岁时远赴印尼，在雅加达的一家米店做勤杂工，经过艰苦打拼，先后在雅加达、槟城、新加坡、中国香港开办公司，号称"南洋首富"。

一百年前的张裕白兰地

中国第一家面粉厂

清朝末年，人们已经意识到传统的手工业生产完全不能和现代化工厂抗衡，所以清政府中的洋务派引进欧美设备、仿照西方企业模式建立了很多工厂。但由于管理落后，清政府的大部分企业都没能赢利。到了清末民初，社会上开始出现很多民营企业家，他们自行购买西方设备创立公司，这就是中国最早的一批民族企业。这些民族企业艰难地带动着中国社会继续向现代化、工业化转型。

1900 年，荣宗敬、荣德生两兄弟在无锡创办了茂新面粉厂，这是荣氏兄弟创办的第一家企业，也是中国第一家近代民营面粉企业。这家面粉厂的经营十分成功，于是兄弟俩便开始向上海、武汉、重庆、芜湖等地开拓生意。1912 年，荣氏兄弟在上海创立了福新面粉厂，生意同样红火，到了1921 年，仅上海一地的面粉厂就增加到 8 家。

上海福新面粉厂旧址

福新第二、第四、第八面粉厂均排列在上海莫干山路 120 号的苏州河旁，工厂建筑建成于 1913 年前后。1999 年，工厂遗址已被列为上海市级优秀历史建筑。

蓬勃发展的纺织业

人们常说"衣食住行"是生活中最重要的事，"衣"排在最前面，可见其重要性。无论人们生产、生活，还是战争时期制作军服，都需要大量纺织品，所以近现代纺织业发展很快。

1899年，实业家张謇（jiǎn）在江苏创办了大生纱厂，专门从事棉纱生产。用机器生产的棉纱质量好、成本低，相较于传统作坊织出的土布有很大的产品优势。另外，由于厂区周围是产棉区，原料价廉，当时工人的工资也较低，所以工厂一经投产，就获得了丰厚的利润。日俄战争和第一次世界大战期间，大生的纱布销量大增，企业迎来了黄金发展期。1915年至1921年，大生纱厂继续添置纱锭，又建成了大生第二纺织公司和第三纺织公司（原大生纱厂改为第一纺织公司），1923年又建成了大生副厂。

大生码头和钟楼

为了方便水路运输，大生纱厂在工厂门口的运河边修建了大生码头。大生码头的中式牌坊是大生纱厂的标志性建筑。大生纱厂内有一座报时用的西式钟楼，可以说是时代更替的标志。如今，这座红砖钟楼依然挺立。

随着民族资本运作日趋成熟，以纺织厂为代表的大量民族企业发展势头迅猛。然而这一派勃勃生机，又被日本发动的侵华战争打断了。1936年，西北首富石凤翔在西安筹建了纺织企业大兴二厂，不久后又对工厂进行了重组，将企业改名为长安大华纺织厂。长安大华纺织厂发展迅速，它不仅带动了整个西安的经济产业发展，还作为国民政府的军需厂，为前方部队提供棉纱等军需物料，在抗日战争中发挥了非常重要的作用。日本人曾经派出飞机多次轰炸这家工厂，但大华纺织厂非常顽强地活了下来。

长安大华纺织厂旧址

在"九一八事变"后，大华纺织厂曾3次遭受日本人的飞机轰炸，损失惨重。

纺织女工在长安大华纺织厂劳动生产想象图

大华纺织厂生产车间旧址

抗日战争期间，国民政府对后方纱布等战备物资实行平价、限价和征购，大华纺织厂70%—80%的产品都供给了军队，有效地支持了前方的作战。也正因为这样，大华成了日本人的"眼中钉"，遭受了日本的3次轰炸。

1930 年，刘国钧收购了原本设在上海的大纶久记纱厂，将其改为大成纺织染公司，并把厂址搬到了江苏省常州市。公司设立初期，厂里有很多外国的旧机器，但没有技术人员安装。于是刘国钧到英国人办的上海怡和纱厂学习了两天，并且物色到一名技术工人，聘请他来到大成，这才解决了安装机器的难题——可以看出，刘国钧是一个务实，且不怕困难的实干家。纺织厂在刘国钧的管理下办得有声有色，还扩大了生产规模，为政府提供了大量税收。可惜 1938 年，日本发起全面侵华，大成纺织染公司只得撤退到重庆。搬迁后的大成纺织染公司与船王卢作孚的三峡织布厂、汉口隆昌染织厂，合并成为"大明纺织染厂"。

大成纺织染
公司的徽章

北碚大明纺织染厂遗址

大明纺织染厂是重庆第一家采用动力织布的工厂。1935 年 8 月，纺织厂因为债务原因，出售给民生公司，成为民生公司的一部分，并改名为民生事业公司三峡染织厂。

日用品和化学工业

在现代社会中，大至炼油，小至制作牙膏，都属于化学工业的范畴。化学工业诞生于19世纪初的西方，随后逐渐发展成了重要的民生工业，体现着一个国家工业发展的综合水平。20世纪初，国际上先进的化工技术已传到了中国，中国人自己的化工企业开始出现。

1912年，实业家方液仙在上海创办了中国化学工业社，生产牙粉、雪花膏、花露水等日用物品。当时的中国工业十分薄弱，市场都被外国企业占领着，但中国化学工业社的出现打破了这种垄断，他们的产品价廉物美，很快受到了国民的支持。后来方液仙又设立了二厂、三厂，生产产品也扩大至味精、肥皂、玻璃等。由于企业规模巨大，产品种类多样，方液仙也被人们称为"化工大王"。

三星牌蚊香包装

1928年，方液仙创办了中国化学工业社二厂，专门生产三星牌蚊香，抵制日货。公司还在上海、浙江的农户中推广种植除虫菊，改变了蚊香原料依赖日本进口的局面。

三星牌牙膏广告

1923年，方液仙研制出了我国第一代牙膏，牙膏渐渐替代牙粉，成为人们追捧的洁齿用品。方液仙的企业所生产的产品很快畅销起来。

辛亥革命以后，越来越多知识分子提出，要以"科学救国，实业救国"，即以科学和商业的发展推动社会进步。在这样的背景下，许多科学家开始筹建自己的企业，中国迎来了一阵兴办民族企业的浪潮。

化学家范旭东也是"实业救国"的倡导者。他曾在日本京都帝国大学化学工业系就读和任教，辛亥革命爆发以后，他毅然回国发展民族化工业。范旭东在1915年创立了久大精盐公司，1917年又创立了永利碱厂，生产出了中国第一批精盐和优质纯碱。1922年，范旭东又创立了黄海化学工业研究社，这是我国第一家专门从事化工科研的机构。研究社研发出从卤水中制取硫代硫酸钠的方法，并用这些原料制作出了带咸味的刷牙水和漱口水，他们生产的明星牌牙膏，在抗日战争前后曾独步市场，风行一时。

永利碱厂

也称天津碱厂，是中国创建最早的制碱厂，开创了中国化学工业的先河。永利碱厂生产的"红三角牌"纯碱，是首次出口海外的中国产化工品。

范旭东像

中国化工实业家，中国重化学工业的奠基人，被毛泽东称赞为中国人民不可忘记的四大实业家之一。

1921 年，范旭东邀请在美国生活的化学家侯德榜回国，一起振兴中国化工业。回到中国的侯德榜带领技术人员废寝忘食，攻克一道道技术难题，终于生产出了优质白碱。在 1926 年美国费城万国博览会上，"红三角牌"纯碱荣获金质奖章，并被誉为"中国近代工业进步的象征"。

抗日战争全面爆发后，永利碱厂搬至四川，更名为永利川厂。侯德榜又在川厂自创"侯氏制碱法"，直到现在这仍然是国际制碱领域的先进技术。

侯德榜自创"侯氏制碱法"

侯德榜在四川克服异常艰苦的条件，成功研制出联合制碱新技术——"侯氏制碱法"。这种新工艺可同时生产纯碱与氯化铵，不但成本低，生产效率也很高，至今仍是世界上先进的制碱技术。

1934 年，范旭东又在南京创立了中国第一家化肥厂，取名南京永利铔（yà）厂。这是当时亚洲最大的化工厂，是具有世界先进水平的联合化工企业，远远超出了我国 20 世纪 30 年代的整体工业水平，被人们称为"远东第一大厂"。1937 年，永利铔厂生产出第一批硫酸铔化肥，趁着春耕之际，送往南京周围的农村，这是中国化肥工业史上崭新的一页。

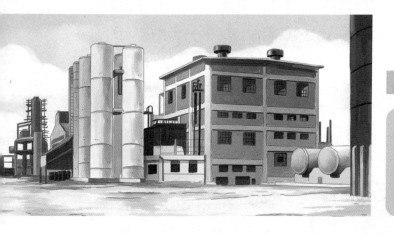

20 世纪 30 年代的永利铔厂

永利铔厂规模宏大，工厂特聘美国公司设计图纸，从英国、德国、荷兰等国家引进生产设备。

日方归还设备

日本人占领南京后霸占了永利铔厂，并且把永利铔厂生产硫酸铵的设备拆卸运回日本，安装在日本的工厂里。抗日战争胜利以后，厂长侯德榜向盟军提出要求，要日本人退还掠夺的生产设备。经过多方交涉，一部分被掠夺的生产设备最终回到了中国。

　　1926 年，旅居日本的华侨余芝卿出资 8 万元，引进日本的设备和技术，在上海创立了大中华橡胶厂。公司投产后，每天可生产 1000 双胶鞋，这些胶鞋款式丰富、质量好，很快受到了市民的青睐。除了成品以外，大中华橡胶厂也设立自己的物理研究室和化学研究室，为生产化工产品研发原材料。1930 年，大中华兴建了硫化油膏厂和生产碳酸钙的原料一厂，1933 年增建生产氧化锌、立德粉的原料二厂和生产鞋面布的原料三厂，后又收购日本企业改为第四厂。

大中华公司的套鞋广告

大中华的胶鞋广告

> 大中华橡胶厂是中国的第一家橡胶产品生产企业。从 1931 年起，大中华生产的胶鞋先后获得国民政府实业部及上海市政府的优、特等奖状和上海市商会荣誉奖状。

大中华不满足于生产单一的产品，于是从 1931 年开始研制轮胎。1934 年，"双钱"牌汽车轮胎试制成功，开始量产，这打破了国外轮胎垄断中国市场的局面。

抗日战争全面爆发以后，大中华的工厂和营业机构受到了严重破坏，公司总部不得不搬到香港，另行开办了美泰制钙厂和德福织染厂。1954 年 9 月，在我国公私合营政策的鼓励下，大中华橡胶厂正式划归国有资产，成为天津大中华橡胶厂。

大中华的轮胎广告

小知识

1935 年，"双钱"轮胎在新加坡"中华总商会国货展览会"展出，荣获特等奖。

船王卢作孚的英雄船队

20世纪20年代，中国西南还诞生了一位主张实业救国的企业家，他就是四川船王卢作孚。

卢作孚原是学校校长，他在目睹了军阀混战、民不聊生的社会现状后，转变思想，提出了"实业救国"的主张。为了践行自己的理念，1925年，卢作孚创办了民生公司，投身长江航运业务。在当时，长江上航运业务大部分由外国公司把控，他们常常排挤中国公司和中国客人。为了提升公司的竞争力，卢作孚多次搭乘"民生"轮，实地了解旅客服务情况，并对水手和厨工进行培训，改变了员工的服务意识。他还主动寻找枯水季节适宜的航线，使航运不致停顿，同时打造了更小的轮船，以保持渝—合线终年通航不断。

民生公司的客轮

民生公司巅峰时拥有140多艘江海轮船，垄断了长江沿线的客运、货运业务。

由于卢作孚管理有方，公司越做越大，这时他并没有只顾及自己的公司，而是联络了长江上游的几十家中国轮船公司，让大家以民生公司为中心联合起来，形成了一个可以和外国势力抗衡的整体。在统一长江上游航运后，卢作孚更是将曾经不可一世的外国轮船公司逐出了市场。民生公司不仅开辟了数千公里的内河航线，还拓展了港澳和东南亚航线。

卢作孚像

卢作孚出生于合川，早年曾从事新闻业、教育业，在看到军阀混战、国家分裂的情形后，他转变了思想，决心以实业救国，于是创立了民生公司。经过多年拼搏，卢作孚逐渐成为"四川船王"。

民生公司在巅峰时期，总资产达到 8.437 亿，旗下独资或合资的企业有70多个，经营范围涉及发电、自来水、造船、仓库码头、铁路、印刷、纺织等。在有了实业支撑后，卢作孚又大张旗鼓地进行文化和教育区域建设——卢作孚践行自己的主张，他以实业为支撑，积极探索着救国救民的道路。

1938年抗日战争全面爆发后，从上海、南京、武汉等地匆忙撤出的工厂设备陆续集中到宜昌，南京撤出的政府机关、各地要撤到后方的学校也集中在了宜昌。全国各地大部分的教师、医生、工程师等人员，都聚集在这里。而此时，日军节节逼近，川江航道还有 40 天进入枯水期，撤退迫在眉睫。

在这样的危急时刻，卢作孚和他的民生公司担起了组织撤退的重任。他们用 22 艘轮船和征用的 860 只木船，冒着日机轰炸的危险，将堆积在湖北宜昌的 9 万吨工业物资和 3 万人员运到了四川。这次宜昌大撤退，保住了抗日战争时期中国的工业命脉。人们依靠抢运入川的工业物资，很快在重庆等地建起新工业区，生产出大批枪炮，为前线将士提供了源源不断的杀敌武器。

宜昌大撤退想象图

在宜昌大撤退期间，民生公司共计有 16 艘轮船被炸毁，100 多名员工牺牲。抗日战争期间，民生公司还曾用船运送 270 多万军队、30 多吨武器弹药出川。

装有"中国心脏"的万吨巨轮

　　江南制造总局是清朝末年洋务运动时期建立的工厂，但由于清政府管理不善，江南制造总局在经历过一段辉煌的历程后，渐渐地沉寂下去。1905年，江南船坞从江南制造总局脱离开来，摒弃过去官僚腐败的管理模式，渐渐焕发出活力。

　　1911年，江南船坞造出了一艘百米货运轮"江华号"。江华号在长江上运行了40多年，被当时航运界评为"中国所造的最大和最好的一艘轮船"。1912年，江南船坞改名为江南造船所，在同一年，船厂建造了两艘单螺旋蒸汽机钢质破冰船，排水量均为410吨。1918年，江南造船所又制造了长约60米，载重330吨的客货轮"隆茂号"——这艘船成了在四川长江航线上运行的为数不多的中国产客货轮。

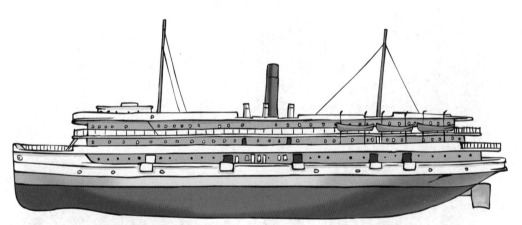

"江华号"模型

　　"江华号"是江南造船所为招商局轮船公司造的客货船。该船长100多米，船上有较好的旅客设备，可载客200余人，载货2000余吨。船身坚固而轻，行驶稳健而灵活，吃水浅，载重量大，很适合在长江上航行。

江南造船所铜制工具证

1918 年至 1919 年，江南造船厂接受美国订货，制造了 4 艘万吨远洋运输货轮。当时最令国人振奋的是，这 4 艘巨轮安装的蒸汽机也全部为江南造船所制造。

为美国承造的第一艘巨轮叫"官府号"，由美国人提供图纸和材料，江南造船所负责建造，1920 年 6 月巨轮下水当天，工人们围在巨轮周围，骄傲喜悦之情溢于言表。1921 年，四艘巨轮全部按时交船，经验收各项指标都达到要求，其中船速还超过合同指标。美国军舰监造官员在报告中称赞了轮船既坚固，配制又极精良。

"官府号"下水场景

"官府号"是远东乃至亚洲制造的第一艘万吨巨轮，国人无不骄傲自豪。当时的《东方杂志》就曾评论这一事件是"中国产业史上乃开一新纪元"。

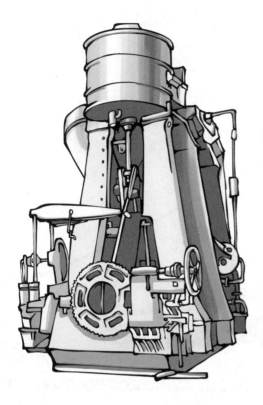

江南造船所不仅生产过大量客货轮，还改装、生产过很多战舰。在20世纪初，西方出现了可以在水上起落的飞机，而承载水上飞机的舰船就叫水上飞机母舰。在第一次世界大战中，水上飞机和母舰展现了超强的战力，成了各国军队最先进的装备。1928年前，江南造船所曾将两艘武装商船改为水上飞机母舰，分别取名"威盛号"和"德胜号"，这两艘战舰后来都被编入了海军第二舰队。

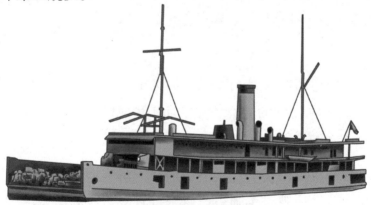

"威盛号"战舰

"威盛号"原来是武装商船，被改装成了浅水炮舰，后又被改装成水上飞机母舰，舰上安装有吊放水上飞机的起重吊车和维修飞机的设备，曾经运载孙中山先生的灵柩到南京。

"德胜号"战舰

"德胜号"由武装商船"浚蜀号"改建而来，规模与"威盛号"相当。后也与"威盛号"一起在江阴海战中自沉于江底。

事实上，江南造船所的自制军舰能力也很强。1934年，他们为海军制造了一艘排水量为1731吨的双螺旋桨柴油机护航舰；1936年又造出排水量2383吨的轻巡洋舰平海号（后被作为海军第一舰队司令的旗舰）……这些船舰的出产，说明抗日战争前，中国已拥有了很强的造舰能力。可惜抗日战争期间，江南造船所被日本强占，直到抗日战争胜利后才由国民政府海军司令部接回。

根据统计，自1905至1937年，江南造船所共建造各种舰船716艘，总排水量21.9万吨。江南造船所不仅铸就了中国造船工业的辉煌，更在那风雨飘摇的时期提振了国人的信心。

"平海号"轻巡洋舰

"平海号"轻巡洋舰是南京国民政府向江南造船厂订购的轻巡洋舰，排水量2383吨，续航能力达5000海里。舰上设有主炮6门、76毫米高射炮4门、57毫米高射炮4门、鱼雷发射管4具、高速机枪4挺。

"民铎号"双螺旋蒸汽机邮轮

"民铎号"是1946年国民政府收回江南造船所后建造的客轮，也是中国第一艘采用全电焊建造工艺的船舶。

小剧场：第一辆自产汽车

这辆汽车真是意义非凡啊!

这是 1931 年张学良命人模仿美国汽车制造的。当时整个亚洲都还没有汽车工程师,所以说这辆车在当时很先进。

怎么这辆车和电视里的"老爷车"不太一样啊?

这是一辆载货卡车,不是小轿车。

哈哈,看来你穿越成了货车司机呀。

能开着中国第一辆汽车,我这个货车司机可真神气!

被迫中断的汽车工业

相较于有轨电车，我国的汽车工业发展要更缓慢一些。最初的汽车全部从国外进口，当时只有极少数达官显贵可以乘坐。1928 年，东北军阀张作霖的儿子张学良将自己掌管的辽宁迫击炮民生工厂改为制造汽车的工厂，并从国外引进了汽车进行模仿。1931 年 5 月，汽车工厂终于成功造出中国第一台自产汽车——民生牌 75 型载货汽车。很快，工厂又推出了载重 3 吨的 100 型载货汽车，这种货车更适合在路况差的地方行驶。

可惜的是，民生牌汽车推出几个月后就爆发了"九一八"事变，我国东北地区被日本人占领，汽车工厂也被日本人侵占，中国自主的汽车工业进程由此被打断。

民生牌 75 型载货汽车复原模型

民生牌 75 型载货汽车载重 2 吨，采用了充气轮胎、封闭式驾驶室。在当时相对简陋的厂房和初步掌握的造车技术支持下，民生牌 75 型载货汽车国产自主化达到了 70%，连活塞等复杂的零件也是国产品。

"铛铛车" 和公共汽车

在很多反映近代生活的电视剧中，都会出现一种特殊的交通工具——有轨电车。这种电车现在已经不多见了，但在 20 世纪初，它可是大城市中的公交车。

中国最早的有轨电车出现在天津。清末时，天津的老城墙被拆除，改建成四条宽阔的马路。比利时人看到了天津城市发展的潜力，于是在马路上挖槽铺设铁轨，开通电车，1906 年天津第一条电车线路正式开通。在那个汽车极其稀少的年代，有轨电车成了城市居民通勤、外出时常用的公共交通工具。

天津有轨电车

1908 年时，天津已开通四条电车线路，连通各国租界和老龙头火车站、海河沿岸码头，初步形成了一个现代公共交通网络。到 1947 年，线路已增至 7 条。

继天津之后，上海、北京也开通了有轨电车。1921 年，北京电车股份有限公司成立，这是一家官商合办的股份有限公司，股份由政府、银行、市民分别持有。经过了 3 年多艰难的筹办，终于在 1924 年建成第一条线路并通车。有轨电车载客多、速度快，行驶于城区主要街道，对改善城市交通条件起到了重要作用。北京市的有轨电车还一度被市民称为"铛铛车"，因为车辆行驶时为提醒路人让路，会发出"铛铛"的铃声。

1928年，北京市有轨电车在册车数曾达到96辆，其中机车66辆、拖车30辆。线路总长度超过26公里。至1940年，北京市开辟电车线路已达7条。

1935 年，当时的北京被列为文化旅游区，由此，国内外来北京游览名胜古迹的人逐渐增多。尽管当时城里已有几十辆有轨电车和大量的人力车，但游客或市民出行还是很不方便。为此，北京在同年 8 月开设了首条公共汽车线路——5 路（东华门至香山），随后又开辟了 1 路（朝阳门至阜成门）、2 路（前门至交道口）、3 路（东华门至颐和园）、4 路（东华门至八大处）几条线路。从此，北京有了公共汽车。

北京 5 路公交车

　　1935 年，北京从美国购买了30 辆 T110 型小道奇牌客车作为公交车。1938 年，为了能招揽游客，北京 5 路公交线开始增设配有导游的高级观光大巴。

　　当时的南京也曾努力发展公共汽车服务，但却因为人力车和马车从业者的反对，一直没能成功推出服务。抗日战争结束后，南京开始恢复生机，1947 年，南京公共汽车公司成立，南京的公共汽车服务这才得以快速、正规地发展起来。南京使用的公交车，主要是从美国克雷司勒公司订购的T234 型货车改装而成的，虽然不是中国原产的汽车，但却是由上海的车身公司组装、改进的。

用 T234 型底盘改装的公交车

　　1947 年冬，南京公共汽车公司筹建时，曾委托上海友福车身厂、上海林通记公司和上海中华车身装配公司，利用从美国订购的 T234 型底盘，改装了 100 辆公交车。后来这批车中的一部分还被调往了北京。

茅以升和钱塘江大桥

1932 年，杭州的公路、铁路系统已经有了一定发展，但因钱塘江一水之隔，铁路、公路无法贯通。为了连通钱塘江两岸，政府决定修建一座跨江大桥。修桥前，浙江省建设厅成立"钱塘江桥工委员会"，由著名的桥梁专家茅以升任主任委员，经过考察研究，茅以升制定了双层桁架梁桥建设方案。

钱塘江大桥修建时遇到了很多困难，首先在建造 9 个桥墩时，为了使桥基稳固，需要在 9 个桥墩处打下 1440 根木桩，但钱塘江不但受海潮涨落影响，江底还有深达 41 米的泥沙，打桩的时候根本没法着力。茅以升从浇花壶水把土冲出小洞中受到启发，创造性地发明了"射水法"，解决了这个问题。

钱塘江大桥"射水法"施工现场

施工队抽江水再用高压水枪射出，喷走了江底泥沙。以前一昼夜只能打 1 根木桩，采用"射水法"后一昼夜可以打下 30 根桩，大大加快了工程进度。

茅以升像

茅以升是著名桥梁专家、土木工程学家，曾任中国铁道科学研究院院长。曾主持修建钱塘江大桥、南京长江大桥等。

建桥遇到的第二个困难是水流湍急，难以施工。于是茅以升又发明了"沉箱法"， 就是用混凝土做成"箱子"，口朝下沉入水中罩在江底，再通过注入高压空气挤走箱里的水，工人在箱里挖沙作业，使沉箱与木桩逐步结为一体，然后再在沉箱上筑桥墩。

"沉箱法"示意图

沉箱法非常巧妙，它先是造出水泥箱沉入河中，让沉箱在自重加荷重作用下逐步下沉，到达一定位置后，再用混凝土填实箱体内部空间。

钱塘江大桥"沉箱法"施工现场

"压气沉箱法"是詹天佑在1891年发明的，而"现代沉箱法"则由茅以升在1939年首次使用。这种方法克服了钱塘江水流湍急，无法施工的困难。

第三个困难是架设钢梁。为了加快进度，茅以升设计了巧妙利用自然力的"浮运法"：潮涨时用船将钢梁运至两墩之间，待潮水下落，钢梁便会自己落在两墩之上了。这种方法省工省时，提升了架桥效率。

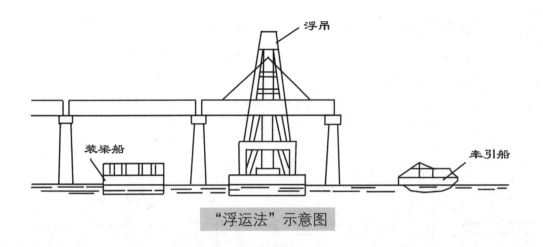

"浮运法"示意图

钱塘江大桥在经历 4 年的艰苦施工后，终于在 1937 年 9 月建成通车。然而，仅仅在几个月之后，大桥命运又迎来了重大转折：1937 年 12 月，由于杭州失守，钱塘江大桥也即将落入日本人的手里。为了避免日本人通过它运送物资攻打我国军队，茅以升不得不含泪亲自炸毁了这座凝聚了自己心血的大桥。在撤退之前，茅以升写下了八个铿锵有力的大字："抗战必胜，此桥必复！"

炸毁钱塘江大桥

1937 年 12 月 23 日下午 5 点，通车仅仅 89 天的钱塘江大桥在惊天动地的爆炸声中被炸毁。这次的爆炸是茅以升亲自下令，是为阻止日本军队的无奈之举。

抗日战争胜利以后，茅以升又受命组织修复大桥。终于在 1948 年 3 月，钱塘江大桥再次恢复通车，恢复了往日的荣光。修复后的钱塘江大桥连通了上海、杭州，使钱塘江两岸由天堑变通途，为浙江的经济发展做出了巨大贡献。

回望这座大桥的诞生史，我们不禁感慨万分：这不仅是中国人自己设计和施工的第一座现代钢铁大桥，它更见证了悲壮的抗战历史，和中国人民百折不挠、争取胜利的不朽精神，是中国桥梁工程史上一座不朽的丰碑。

钱塘江大桥

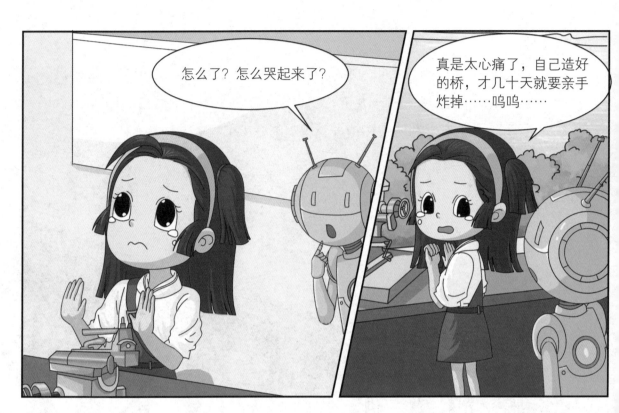

不过几年后桥不是修好了吗？现在钱塘江大桥也好好的呢。

要我扔掉手工课做的模型我都舍不得，何况是修了4年才建好的桥……自己的作品，自己最心疼了。

之前看到的工厂也是因为战争而搬迁的，真是好残酷。

是的，战争会摧毁工厂、学校、大桥，对人们的生活影响巨大。战争也同时促进了中国近代的军工业快速发展。

即使在这样的环境下，我们的国人依然努力发展自强，真让人心痛又敬佩。

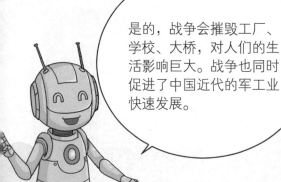

说的没错。

不论是战争年代还是和平年代，我们的科技都在不断地进步。在战争期间，人们艰难地寻求生存和发展，取得了许多来之不易的成绩，也为战争的胜利作出了重要的贡献。

四大兵工厂

近代时期，中国曾有四个著名的兵工厂，它们是当时中国军队装备的主要来源。这四大兵工厂分别是东三省兵工厂、汉阳兵工厂、巩县兵工厂、太原兵工厂。

东三省兵工厂是当时中国所有兵工厂中最大的一个，位于中国的东北。当时中国的工业基础非常薄弱，而东北则是中国最发达的重工业地区，东三省兵工厂甚至可以制造飞机和坦克，对中国的国防事业有着重要的意义。但东三省兵工厂也有自己的问题，就是军械多为仿制品，技术上太依赖外国专家。兵工厂规模虽然很大，但内部管理十分松散，无法创新研制新武器。

东三省兵工厂

东三省兵工厂的前身是奉天军械厂，始建于1921年，1922年改名的同时扩建了制造枪、炮弹、大炮的车间。当时的生产设备大部分从德国进口，240毫米重炮生产线相当先进，产量也非常高。

一九式240毫米重型榴弹炮

东三省兵工厂制造的一九式240毫米重型榴弹炮，是我国当时生产口径最大、威力最强的榴弹炮。

最可惜的是，在"九一八"事变爆发后，东三省被日军占领，沈阳兵工厂连同工厂库房中的步枪15万支，手枪6万支，重炮、野战炮250门，飞机300多架也被日本人抢去，这实在让人痛心。

四大兵工厂中的太原兵工厂，在山西军阀阎锡山的多年经营下，也是规模庞大、实力雄厚。在1921年，兵工厂就能够日产子弹2万发，他们生产的手榴弹弹体可以爆裂成数十粒乃至上百粒弹片，杀伤力大，成为山西造武器中的"名牌"。1926年，太原兵工厂研制出成本低廉的硝酸铵炸药，之后又开始大量制造迫击炮弹。

太原兵工厂原址

1912年，阎锡山接管山西机器局后，开始从日本、德国、英国等先进国家引进设备，聘用外国军工技术人才，逐步把这所兵工厂建设成为中国三大兵工厂之一。

山炮是适合山地作战的火炮，实际上是一种轻榴弹炮。山炮体型小，重量轻，便于拆解。开国大典所用的礼炮是从战场缴获的九四式山炮及太原兵工厂仿制的山炮。

太原兵工厂仿制的日本九四式 75 毫米山炮

日本九四式山炮重量轻，但火力相当猛，而且在运输过程中能够拆装，便于运送，东三省兵工厂、太原兵工厂都有仿制它的产品。

抗日战争全面爆发以后，日军凭借强大的优势很快占领了中国的大片领土，山西是阎锡山的"大本营"，位于山西的太原也很快就沦陷了。阎锡山只在最后关头，将太原兵工厂极少量的机器设备转移了出来，但其余大部分都被日军缴获。太原兵工厂实力雄厚，但由于被日军占领，未能在抗日战争中发挥更大作用，实在可惜。

晋造汤普森冲锋枪

这款冲锋枪是在美式汤普森冲锋枪的基础上进行改造的枪械，是太原兵工厂的王牌产品。

汉阳兵工厂是在湖北枪炮厂的基础上改建而来的，曾花巨资引进了最先进的设备和技术，一度成为中国最先进的兵工厂。一战中大量使用的连珠式毛瑟步枪和克虏伯山炮，汉阳兵工厂都可以生产。1929年，兵工厂收归政府管辖，随后陆续添置设备，增加了机关枪厂等新厂，兵工厂的规模进一步扩大。1937年抗日战争全面爆发，兵工厂满负荷运转，每个月可以生产步枪4700支、重机枪35挺、迫击炮107门、大炮2门、手榴弹3.95万枚。由于日军占据了中国北方，汉阳兵工厂不得不内迁湖南，并改名军政部兵工署第一工厂，后来又再次内迁至重庆。

汉阳造毛瑟驳壳枪

根据德国M1896毛瑟手枪仿造，最多时每月可制造260支。

汉阳造三十节重机枪

根据美国M1917勃朗宁重机枪仿造。M1917勃朗宁重机枪本来是美国军火商向军阀吴佩孚推销的产品，但由于价格高昂，吴佩孚命军工厂仿造，这才有了汉阳造机关枪。

在抗日战争期间，汉阳造步枪是中国军队的主力武器，由于这种步枪较长，所配的制式刺刀也长 50 多厘米，适合近身搏杀，所以也是抗日战争期间唯一能在白刃战中与日军三八式步枪抗衡的步枪。汉阳兵工厂在湖北和重庆生产的武器对于提升中国军队战斗力有很大帮助。

工人在重庆的兵工厂制造枪支子弹

中国最具传奇色彩的兵工厂是巩县兵工厂。1915 年，袁世凯为了扩张势力，命人筹建兵工厂，最后把地址选在了河南巩县。在德国建筑师的帮助下，经过 3 年建设，占地 2700 亩、投资 1127 万元的巩县兵工厂终于正式建成。这个兵工厂下辖 4 个大厂，分别是动力厂、机器厂、炮弹厂、制枪厂，为了方便生产的武器外运，袁世凯还专门修建了一个火车站。至 1928 年，工厂已能生产毛瑟手枪、手榴弹、航空炸弹、马克沁重机枪、150 毫米迫击炮弹等武器，部分武器的质量在世界范围内都属上乘。在 1930 年之后，巩县兵工厂正式被国民政府接管，开始生产中正式步枪——这是抗日战争时期的著名枪械。

中正式步枪

仿造德国毛瑟步枪制造，正式名称为中正式步骑枪，最早在 1935 年由巩县兵工厂生产。是抗战后期取代汉阳造步枪的主要产品。

巩县兵工厂

兵工厂在德国建筑师的协助下建造，内设水塔、铁路和火车站。动力厂锅炉及发电机购自德国西门子公司，由西门子公司安装。机器厂机械购自丹麦德文公司。

1937年抗日战争全面爆发以后，巩县兵工厂遭受了多次轰炸，损失惨重，不得已迁往湖南，改名军政部兵工署第十一工厂，不久后又迁往重庆，但在湖北宜昌还未转移完毕时又遭遇日军攻击，在卢作孚船队的帮助下，一部分员工和设备进入四川，另一部分回到了湖南。抗日战争结束以后，留在湖南的兵工厂迁到湖北，在汉阳兵工厂旧址重新设厂，称第十一工厂总厂。

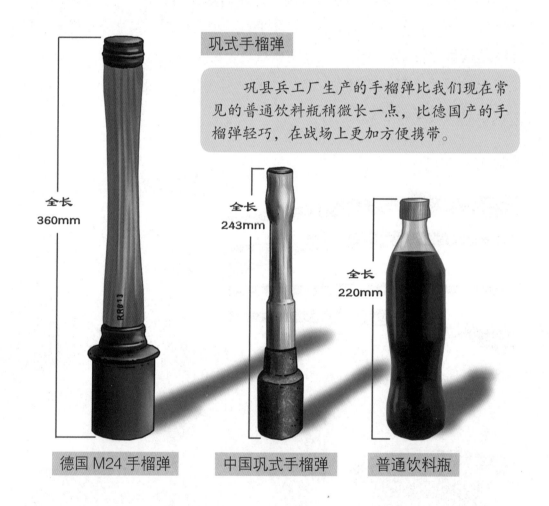

巩式手榴弹

巩县兵工厂生产的手榴弹比我们现在常见的普通饮料瓶稍微长一点，比德国产的手榴弹轻巧，在战场上更加方便携带。

全长
360mm

全长
243mm

全长
220mm

德国 M24 手榴弹　　　中国巩式手榴弹　　　普通饮料瓶

总的说来，由于清政府留下的孱弱的军事工业，基础薄弱，所以早期武器和生产线全都引进自国外。但是在北洋军阀、国民政府的持续努力下，中国的军事工业还是得到了持续的发展，制造技术和产量上基本能够与国外军械厂商持平，部分武器的生产甚至处于亚洲领先地位。这些军工厂是新中国发展军工业的基础。

中央飞机制造厂

　　1933 年，为发展自己的航空制造业，政府与多家美国公司一起成立了中央飞机制造厂杭州公司——这是中国近代规模最大、设备技术最先进的飞机制造企业。厂中设有 5 个生产制造车间，一整套的飞机制造流程就在这些车间里运作。

　　当时飞机的机翼主要是木材与金属混合制造的，但飞机的机身、连接部件、水平和垂直尾翼的骨架都需要由铝合金等金属焊接完成，这在 20 世纪 30 年代，属于技术要求很高的工艺。在美国技术专家教学 3 年后，中方技术员工已经能组装 7 到 8 种不同类型飞机，掌握了当时世界上最先进的单翼全金属飞机的制造技术。

杭州中央飞机制造厂车间

　　1934 年至 1937 年，中央飞机制造厂以平均 4 天组装、修理、生产一架飞机的速度，完成了 235 架飞机的生产，而且从来没有发生过质量事故。

中央飞机制造厂交付飞机

当时，培养飞行员的中央航校就在工厂一墙之隔的地方，每当飞机装配好，工人们就会把飞机推到跑道上，让航校的教官试飞，试飞成功后就直接交给空军了。

工人们正在进行焊接加工

中央飞机制造厂不仅是一家现代化的飞机工厂，还是一个教育培训基地，新中国成立后成为科学院院士的钱学森、吴自良，以及第一个飞机设计室的主任徐舜寿都曾在这里实习。

抗日战争全面爆发后，日军航空兵部队对中央飞机制造厂进行了大轰炸，为保住本就薄弱的航空工业，中央飞机制造厂不得已开启了颠沛流离的逃亡。他们几经辗转，来到了云南边陲的一个傣族小村庄雷允（当时叫垒允）。经过对地质和周边空域勘测，1939 年，中央飞机制造厂雷允厂正式开工建设，并快速投入生产。

　　雷允厂属于中美合资，生产设备、发动机、仪表盘等全部由美方提供，美国工程师也进行驻厂，监督航空器的制造。1939 年至 1940 年，雷允厂累计生产霍克－III 战斗机 3 架、霍克－75M 战斗机 30 架、莱茵教练机 30 架、CW-21 型战斗机 5 架、P-40 战斗机 29 架、海岸巡逻机 4 架。

霍克－75M 战斗机

P-40 战斗机

　　P-40 战斗机是美国一型单座单发平直翼活塞式战斗机，是二战时飞虎队主要使用的机型。

1940 年 10 月 26 日，日军再次组织 27 架轰炸机对雷允飞机制造厂所在地进行覆盖式轰炸，厂房设备遭受严重损失，数百名技术职工也死伤惨重。此后，部分工厂搬去了缅甸，在仰光的车间组装一批新式的 P-40 战斗机、莱茵式战斗机，并多次完成对盟军飞机检修和维护，为东南亚和东亚的航空战局作出重要贡献。

雷允飞机制造厂遗址纪念碑

在瑞丽市的雷允飞机制造厂遗址上矗立着一座汉白玉纪念碑。纪念碑的正面上方刻有圆形飞机螺旋桨标志，碑身上刻着"滇西抗日战争雷允飞机制造厂遗址"，背面是碑文，碑文简要记录了飞机制造厂的历史。

此后日军偷袭缅甸，工厂在搬回保山的过程中再次遭遇轰炸，大量设备被付之一炬，人员死伤惨重。1942 年 7 月，中央航委会决定裁撤原"中央垒允飞机制造厂"。就这样，一座苦心经营许久，并且凝聚无数航空人士报国理想的近现代化飞机制造厂退出了历史舞台。

印刷技术和百年出版社

西方现代印刷技术传入中国后，印刷行业也开始将这种技术应用于图书出版中。现代印刷工艺能使影印本的图文复制效果更好，比传统的影抄、影刻本更接近原本面貌，而成本则低廉得多，所以自19世纪中叶产生以来，影印本迅速成为一种广为采用的版本形态，尤其是出版经典古籍、碑帖书画。不过，印刷技术也影响到影印本的质量。

清末，人们主要使用的印刷技术还是石印，就是把纸覆到石质或木质印刷板上，施以压力印刷。20世纪20年代以后，西方铅字印刷机和凸版印刷机开始普及，书籍、表格、账簿等都可以用这种机器印刷。

《剑侠传》影印本

影印技术成本低，还很容易调整版式或进行缩印处理，十分方便。影印本出现之初，是一种时髦的新鲜事物，颇受读者欢迎。

清末时的《女子国文教科书》插图

商务印书馆出版的《女子国文教科书》中的彩色插图用三色铜版技术印刷。该书版权页上标光绪三十三年（1907年）6月初版。

近代出现了一批出版企业，其中商务印书馆一直运营到现在，是名副其实的百年出版社。

商务印书馆 1897 年创办于上海，它的创立标志着中国现代出版业的开始。商务印书馆不仅编纂出版过《辞源》等大型工具书，还整理出版了《四部丛刊》等重要古籍，还出版有《东方杂志》《小说月报》等十几种杂志。新中国成立后，商务印书馆迁至北京，开启了新的时代。

印刷技术的改进和出版企业的发展，为开启民智、昌明教育、普及知识、传播文化、扶助学术做出了重要的贡献。

20 世纪初商务印书馆汉口分馆

1903 年，商务印书馆的第一个分馆设在了汉口。同年 10 月，正式成立商务印书馆有限公司，并首次使用著作权印花。

后记

　　华夏五千年的历史源远流长，各种重要的科技成就层出不穷，为人类文明的发展作出了不可磨灭的卓越贡献，这是我们每一位中国人的骄傲。不过，我国虽然历来有著史的传统，但对专门的科技发展史却着墨不多。近现代，英国科技史专家李约瑟所著的《中国科学技术史》是一部有影响力的学术著作，书中有着这样的盛赞："中国文明在科学技术史上曾起过从来没有被认识到的巨大作用。"

　　不过，像《中国科学技术史》这样的科技史学著作篇幅浩瀚，囊括数学、天文、地理、生物等各个领域。如何把宏大的科技史用浅显的语言讲述给孩子们，是我一直思考的问题。让儿童也了解我国的科技史，进而对科技产生兴趣，对华夏文明产生强烈的自豪感，那真是意义非凡。

　　经过长时间的积累和创作，这套专门给少年儿童阅读的中国科技史——《科技史里看中国》诞生了。希望这套书的问世能填补青少年科技史类读物的空白。这套书图文并茂，故事性强，符合儿童的心理特点，以朝代为线索将科技史串联起来，有利于孩子了解历史进程。

　　希望《科技史里看中国》能够带孩子们纵览科技史，从历史中汲取智慧和力量，提升孩子们的创造力和科学素养。